DIE KARTEN

SPIELE

Ein Paket!
Terminatorspiele
Backform-Challenge
Solospiele
Jagd auf Leckerlis
Nach Schätzen buddeln
Zerrspiele
Tricks und Leckerlis
So viele Bälle
Schneller Spaß
Das Wäscheleinenspiel
Seifenblasen fangen
Dinge zum Werfen

ZU HAUSE

Ruhezeit
Lege eine Spielzeugkiste an
Beobachtungsposten
Kaltes für heiße Tage
Fitnessparcours
Rückzugsort
Saubere Lösungen
Gelungene Playdates
Bequem schlafen
Geeignete Leckerlis
Kauoptionen
Dein ist mein

Kaffee mit Hund
Langsam gehen
Neue Kontakte knüpfen
Beschütze deinen Hund
Hundeparcours
Feld der Freiheit
Versteckenspielen
Eine*n Dogwalker*in finden
Unterwegs mit Dogwalker*in
Dem Spiel ein Ende setzen
Die richtigen Basics

NÜTZLICHE LÖSUNGEN

Fairer Tausch
Unverhoffter Bonus
Schnelle Reaktionen
Umgekehrte Jagd
Augenkontakt
Lieber „ja“ als „nein“
Führe eine Inspektion durch
Nutze die sanfte Methode
Einfache Medikamentengabe
Nicht schreien
Redest du zu viel?
Wisse, wann es reicht
Training als Gewohnheit

LERNE MIT DEINEM HUND

Was wünschst du dir von einer Hundeschule? Vor 20 Jahren hätte sich jede Schule – ganz gleich, ob sie als Box oder anders daherkommt – fast ausschließlich auf den Gehorsam konzentriert. Zwei Jahrzehnte und viele Studien später wissen wir, dass ein motivierter Hund ein glücklicher Hund ist. Natürlich ist es wichtig, dass er aufs Wort hört und gut an der Leine läuft, doch alles hängt davon ab, dass du eine gute Bindung zu deinem Tier aufbaust und sein Verhalten und seine Emotionen verstehst. Wir wissen, dass Vertrauen das Lernen leichter macht.

Es gibt viele Dinge, die unsere Hunde bereits wissen, ohne dass wir sie ihnen beibringen müssen, und die wir für das Training nutzen können. Die meisten Hunde verfügen bereits – oft in höherem Maße als wir selbst – über eine wertvolle emotionale Intelligenz. Empathie? Vorhanden. Die Fähigkeit, im Moment zu leben? Ausgezeichnet. Ein Talent zum Glücklichsein? Hunde könnten ganze Vorträge darüber halten. Sollten wir vielleicht besser fragen, was unsere Hunde uns beibringen können?

HUNDESCHULE

(auch für MENSCHEN)

Mithilfe der Karten in dieser Box kannst du herausfinden, worin dein Hund bereits gut ist und wie du seine vorhandenen Talente nutzen kannst, um ihn auf eine Weise zu erziehen, die er versteht. Aus dieser wechselseitigen Herangehensweise ergeben sich zahlreiche Ideen für den Umgang mit Problemen, aber auch für größeren Spaß am Zusammenleben mit deinem Hund. Im besten Fall schärfen die Karten auch dein Bewusstsein dafür, wie großartig Hunde im Allgemeinen und dein eigener Hund im Besonderen sind.

WAS ENTHÄLT DIE BOX?

Die insgesamt 50 Karten sind in vier Kategorien unterteilt: *Spiele*, *Zu Hause*, *Unterwegs* und *Lösungen*. Jede Karte gibt dir Denkanstöße, ganz gleich, ob du nach erfinderischen Ideen für kurze Spiele in einer Kaffeepause suchst, nach Möglichkeiten, deinen ängstlichen Hund zu beruhigen, wenn du etwas zu erledigen hast, oder nach einer narrensicheren Methode, mit der du deinen Hund dazu bringst, hinter dir herzulaufen – und nicht umgekehrt.

Charmante, humorvolle Illustrationen begleiten die sachlichen Texte, die vielerlei Anregungen enthalten: ein Spiel, eine Aktivität, einen einfachen Lösungsansatz für ein übliches Problem oder ein erhellendes Stück Hundepsychologie, durch das du besser verstehst, wie dein Hund denkt. In jeder der vier Kategorien kannst du ganz einfach nach speziellen Ratschlägen oder Ideen suchen. Du kannst aber auch in einem ruhigen Moment in den Karten stöbern und dich von ihnen inspirieren lassen.

Wenn das Spielen mit deinem Hund ein bisschen zur Routine geworden ist, liefern die *Spiele*-Karten einen neuen Blick auf Klassiker wie Apportieren oder Versteckenspielen, halten aber auch einfallsreiche Vorschläge bereit für Tage, an denen dein Tier große Lust auf eine gute Spielsession hat, du aber an deinen Bildschirm gefesselt bist oder zu müde für eine energiezehrende Stunde im Freien.

Die *Zu Hause*-Karten kannst du konsultieren, wenn du dich fragst, wie du dein Zuhause für dein Tier zu einem wirklich sicheren, entspannten Rückzugsort machen kannst. Sie enthalten alltägliche

Überlegungen (wie sucht man ein Bett für einen älteren Hund aus? Welche gesunden Optionen gibt es für einen Hardcore-Kauer?) sowie Dinge, über die du vielleicht noch nie nachgedacht hast: War dir bewusst, dass die Duftstoffe deiner Lieblingshaushaltsprodukte deinem Hund möglicherweise aktiv schaden?

Auf den *Unterwegs*-Karten findest du Tipps, wie du und dein Hund draußen eine gute Zeit verbringen könnt, ganz gleich, ob du etwas zu erledigen hast, ein Hunde-Playdate organisieren willst oder über die Vorlieben deines Vierbeiners nachdenkst, damit du einen perfekt auf ihn zugeschnittenen Spaziergang planen kannst, den er lieben wird.

Nicht zuletzt hält *Lösungen* clevere kleine Tipps bereit, die du aus dem Hut zaubern kannst, wenn dich dein Hund vor ein Problem stellt, das du nicht sofort lösen kannst. Gemeint sind hier nützliche (und nicht schnelle) Lösungen: Sogenannte schnelle Lösungen findet man überall, aber in der Regel sind sie nicht von langer Dauer und führen eher dazu, dass sich auf beiden Seiten schlechte Gewohnheiten einschleifen.

GEH AUF NUMMER SICHER

Vergiss nie, dass du nicht nur Aufpasser*in deines Hundes bist, sondern auch sein*e Übersetzer*in in einer Welt, die ihn – zwangsläufig – manchmal verwirrt. An vielen kleinen Problemen könnt ihr gemeinsam arbeiten, und auf den Karten findest du Lösungsansätze. Wenn du den Eindruck hast, dass sich eine Verhaltensweise eher verschlimmert als verbessert, solltest du das sorgfältig recherchieren (in Büchern wie im Internet gibt viele gute Informationen). Wenn du meinst, du brauchst professionelle Hilfe, suche dir eine*n Verhaltensberater*in oder Hundetrainer*in, der/die das Problem mit dir und deinem Hund zusammen bearbeitet. Höre nicht auf die Ratschläge anderer Hundehalter*innen, auch wenn sie noch so gut

gemeint sind – du kennst deinen Hund am besten und kein Hund ist wie ein anderer.

Wenn du dich nach professioneller Unterstützung umsiehst, bedenke, dass es viele tolle Hundetrainer*innen gibt, es aber auch erschreckend einfach ist, sich als Verhaltensberater*in oder Hundetrainer*in niederzulassen. Recherchiere sorgfältig, erkundige dich bei Leuten, denen du vertraust, und sprich alles gründlich durch, bevor du dich tatsächlich mit der Person triffst. Wenn dir jemand zu erklären versucht, dass du deinen Hund „dominieren“ musst, um sein Verhalten in den Griff zu bekommen, dann suche schnellstmöglich das Weite – die Vorstellung, dass es Probleme lösen hilft, wenn man seinen Hund „beherrscht“ und ihm zeigt „wer der Boss ist“, ist eine seit langem widerlegte, gleichwohl hartnäckige Theorie, die in einer freundlichen, umsichtigen, modernen Erziehung nichts verloren hat.

Hilfe brauchen ist nicht Versagen – eher das Gegenteil. Es ist viel besser, um Rat zu fragen, bevor ein Verhaltensproblem zu lange andauert und sich verfestigt.

VERTRAUE DIR SELBST

Die Zeit mit deinem Hund erfindungsreich zu planen, bietet zwei Vorteile. Erstens erweiterst du dadurch das Repertoire der täglichen Spiele und Aktivitäten, an denen ihr – zusammen oder unabhängig voneinander – Spaß habt (Menschen unterschätzen manchmal die Bedeutung von Solozeit für ihre Hunde. Ein selbstsicherer, glücklicher Hund genießt die „Zeit für sich“ oft ebenso wie wir es tun). Zweitens lernst du dadurch die subtileren Aspekte des Charakters deines Hundes kennen – kleine Dinge, die seine Neugier wecken, leichtes Unbehagen, Angst oder Erwartung in ihm hervorrufen oder ihn verwirren.

Wenn du seine Reaktionen und das, was sie hervorruft, besser verstehst, wirst du auch in der Lage sein, ihm mehr von dem zu geben, was er mag, und weniger von dem, was er nicht mag. Außerdem kannst du ihn so beruhigen, wenn er ängstlich wird, ganz gleich, ob ihr zum Tierarzt müsst und eine soziale Interaktion ihn verunsichert. Je besser du deinen Hund kennenlernst, desto mehr vertraut er dir, denn er weiß, dass du dich um alles kümmerst, was ihn überfordert, und du bei gemeinsamen Unternehmungen voll und ganz bei der Sache bist.

SOPIHE COLLINS

Sophie Collins hat ein bekanntes Handbuch über die Körpersprache von Hunden verfasst (*Schwanzwedeln: Hundesprache auf einen Blick*), das in zwölf Ländern zum Beststeller wurde. Seither hat sie mehrere erfolgreiche Bücher veröffentlicht, darunter das preisgekrönte *Tricks & Games to Teach Your Dog* und zuletzt *How to Raise a Happy Dog*.

CHARLOTTE FARMER

Die Illustratorin Charlotte Farmer bereichert die Karten mit ihren Zeichnungen: Zu ihren bereits erschienenen Büchern gehören *The Hipster Colouring Book, The Passive-Aggressive Colouring Book* und *The Museum of Me*.

Laurence King Verlag GmbH
Jablonskistr. 27, 10405 Berlin, Deutschland

Erstmals erschienen in Großbritannien 2024 unter dem Titel *School for Dogs* bei Skittledog, einem Imprint von Thames & Hudson Ltd, 181A High Holborn, London WC1V 7QX

Übersetzung Sarah Pasquay

ISBN: 978-3-96244-499-0

Hergestellt in China, 1. Auflage August 2025

FSC
www.fsc.org
MIX
Papier | Fördert gute Waldnutzung
FSC® C020056

www.laurencekingverlag.de
www.skittledog.com
www.thamesandhudson.com

LAURENCE KING

SPIELE

EIN PAKET!

Mache aus Zustellungsdramen ein Spiel

Die meisten Hunde glauben, dass jedes Paket für sie und nur für sie bestimmt ist – auch wenn das angesichts der Tatsache, dass sie keine Kreditkarte besitzen, ziemlich optimistisch anmutet. Du kannst ihre Begeisterung noch steigern, indem du das Verpackungsmaterial deiner Bestellung für eine schnelle Leckerli-Jagd nutzt. Nimm den Inhalt aus dem Paket heraus und verstecke in dem geschredderten Füllmaterial ein paar Leckerlis. Alternativ kannst du eine Papprӧhre mit einigen Leckerlis befüllen und die Enden umknicken. In Pappschachteln, Papiertüten, Packpapier und Papprӧhren lassen sich Leckerlis auf viele unterschiedliche Arten verstecken – schließlich soll das Spiel spannend und dein Hund interessiert bleiben. Der Paketinhalt ist für dich, das Bonusmaterial für ihn.

Das Misstrauen gegenüber Paketzustellenden kannst du deinem Hund abgewöhnen: Bewahre Leckerlis in der Nähe der Haustür auf und gib ihm ein paar davon, wenn ein Paket zugestellt wird – so kannst du eine positivere Assoziation schaffen.

TERMINATORSPIELE

Kanalisiere gesunde zerstörerische Instinkte

Wenn dein Hund es liebt, Spielzeuge zu zerfetzen, dann lasse ihn gewähren. Ein Terminator findet in diesem Spiel erst dann Befriedigung, wenn das Spielzeug in kleinen Fetzen im Raum verteilt liegt. „Großartig", scheint sein Ausdruck dann zu sagen, „Aufgabe erledigt!"

Bei solchen Hunden solltest du darauf achten, dass du die richtigen Spielzeuge aussuchst – nicht zu teuer, aber auch nicht so billig oder schlecht produziert, dass sie nicht sicher sind*. Idealerweise lassen sie sich verknoten oder in eine wie auch immer geartete Form zurückziehen, damit dein Hund noch eine weitere Chance bekommt, sie zu zerstören. Viele eignen sich auch als Zerrspielzeug, sodass dein Hund sie erst „erobern" muss, bevor er ihnen ein Ende bereitet.

*Hier ist extreme Vorsicht geboten – insbesondere verschluckte Quietschies bringen nicht nur deinen geliebten Vierbeiner in Gefahr, sondern ziehen auch saftige Tierarztrechnungen nach sich.

BACKFORM-CHALLENGE

Einfache Unterhaltung für einen öden Tag

Draußen regnet es in Strömen und dein Hund gibt dir zu verstehen, dass er eine Abwechslung gebrauchen könnte. Sammle die Tennisbälle auf, die überall herumliegen, und probiere es mit dem Backform-Leckerli-Spiel. Nimm eine Form mit größeren Vertiefungen (idealerweise eine Muffin-Form), lege in jede Vertiefung ein Leckerli und setze dann Tennisbälle darauf. Stelle das Ganze auf den Boden und lasse deinen Hund herausfinden, dass er die Bälle bewegen muss, um an die Leckerlis zu kommen. Wie du dir vorstellen kannst, variieren die Reaktionen je nach Hund: Manche verstehen es sofort, andere brauchen eine Weile und ein verwöhnter Hund schaut dich vielleicht einfach nur so lange trotzig an, bis du die Arbeit für ihn erledigst. Einige sind vielleicht mehr durch die Bälle motiviert als durch die Leckerlis. Es gibt solche und solche.

Mit einem leicht zu begeisternden Hund kannst du dieses Spiel immer wieder spielen. Im Laufe der Zeit wird er schon Begeisterung zeigen, wenn du nur die Form aus dem Schrank holst.

SOLOSPIELE

Überlasse deinen Hund auch mal sich selbst

Fühle dich nicht gezwungen, bei jeder Aktivität oder jedem Spiel deines Hundes mitzumachen. Wenn sich dein Vierbeiner allein vergnügt – vielleicht in Ruhe auf etwas herumkaut oder ein weiches Spielzeug durch die Gegend wirft –, lass ihn damit weitermachen. Mach es nicht zur Gewohnheit, ihn zu unterbrechen und sein zufriedenes Solospiel in ein Jagd- oder Zerrspiel zu verwandeln.

Sich allein zu beschäftigen, stärkt bei deinem Hund das Gefühl von Unabhängigkeit und hilft einem jungen oder weniger selbstsicheren Hund, Selbstvertrauen aufzubauen. Wenn du jedoch eine direkte Einladung erhältst – wenn er dich zum Beispiel mit einem Play Bow zum Spielen auffordert oder ein Spielzeug verheißungsvoll über deinen Fuß zieht –, dann solltest du auf jeden Fall auf die Initiative deines Hundes eingehen und mit ihm spielen. Aber du solltest eben auch wissen, wann du es besser sein lässt. Ein Hund, der sich mit nicht-zerstörerischen Aktivitäten (dafür bist du verantwortlich – räume alle Gegenstände weg, auf denen er nicht herumkauen soll) eine Zeitlang gut allein beschäftigen kann, entlastet dich, wenn du anderes zu tun hast.

JAGD AUF LECKERLIS

Fordere deinen Hund mit einer Schatzsuche heraus

Hunde suchen sich ihren Weg durch Schnüffeln – ihre Nasen sind mehr als 40-mal empfindlicher als unsere. Eine gute Schatzsuche macht allen Hunden Spaß, vom Welpen bis zum Senior. Gestalte die Suche noch interessanter, indem du die Leckerlis variierst – wickele fettige Häppchen zunächst in Papier ein –, und überlege genau, wo du sie versteckst: Wenn sie sich alle auf Nasenhöhe befinden, wird die Suche schnell beendet sein. Variiere die Höhen und verstecke einige Leckerlis an höheren Stellen (zerbrechliche Dinge solltest du vorher wegräumen). Halte die Tür geschlossen, während du ein Dutzend kleiner Schätze versteckst. Lasse dann deinen Hund in den Raum und hilf ihm – sofern er Hilfe benötigt –, das erste Leckerli zu finden, um die Schatzsuche zu starten. Mit der Zeit wird sich dein Hund geschickter anstellen und du kannst dir noch schwierigere Verstecke überlegen.

Was solltest du verstecken? Die gewohnten Leckerlis sind immer willkommen, aber hin und wieder kannst du für einen besonderen Anlass auch ein Stück Käse oder ein Stück Hühnchen verstecken.

NACH SCHÄTZEN BUDDELN

Wenn dein Hund gern buddelt, sorge dafür, dass es sich lohnt

Wenn dein Hund ein Buddler ist, wirst du bald wissen, was das bedeutet. Sei nicht schockiert, wenn er seine neue Begeisterung in deinen Blumentöpfen auslebt: Suche stattdessen nach Möglichkeiten, wie er nach Herzenslust draußen buddeln kann, ohne dass dies ein Problem darstellt. Vergrabe ein paar Spielzeuge in mehreren großen, flachen, mit Sand gefüllten Plastikgefäßen. Wenn du einen Garten hast, suche dir eine Alles-egal-Stelle unter einem Busch und vergrabe dort etwas Begehrenswertes. Zeige deinem Tier dann, wo es graben soll. Du könntest sogar eine Sandkiste kaufen – Modelle für Kleinkinder passen auch in einen Innenhof oder auf eine Terrasse. Ermuntere deinen Hund zum Buddeln, indem du ihn aufforderst, dir zuzusehen, wie du etwas Verlockendes vergräbst. Wiederhole dies mehrere Male, bis der Platz zu seiner Lieblingsbuddelstelle geworden ist.

Wenn du gern gärtnerst, denke daran, dass ein begeisterter Buddler dir behilflich sein kann, wenn du auf eine hartnäckige Wurzel stößt.

ZERRSPIELE

Spielen auf Augenhöhe

Tauziehen ist ein Spiel, das deinem Hund im Blut liegt (wir alle haben schon zwei Hunde an beiden Enden eines Stocks zerren sehen), aber es ist auch eine großartige Mensch-Tier-Aktivität, die Vertrauen schafft und eure Bindung stärkt. Sieh dir einmal an, wie zwei ungleich starke Hunde mit einem Seilspielzeug Tauziehen spielen. Du wirst schnell feststellen, dass der Stärkere sich in der Regel zurückhält, damit das Spiel länger dauert – würde er alles geben, wäre das Spiel nach wenigen Sekunden vorbei. Nutze die gleiche Methode, wenn du mit deinem eigenen Hund Tauziehen spielst: Wenn er stärker ist als du, gib alles. Wenn er schwächer ist, zügele deine Kraft, damit ihr beide länger Spaß habt.

Weiche geknotete oder geflochtene Zerrseile sind zum Tauziehen am besten geeignet – sie sind so dick, dass dein Hund seine Zähne hineinschlagen kann, und sie scheuern nicht an seinem Maul. Lockere oder verstärke den Zug auf das Seil, so wie dein Tier es tut. Bei seitlichen Bewegungen ist allerdings Vorsicht geboten – heftiges Ziehen von einer Seite zur anderen ist nicht gut für den Nacken deines Hundes.

TRICKS UND LECKERLIS

Teste das Artistik-Talent deines Hundes

Ist ein Trick ein Spiel? Kommt auf deinen Hund an. Manche haben Spaß daran und lieben es zu zeigen, was sie draufhaben. Wenn du meinst, dein Hund könnte ein Artist sein, versuche es mit etwas Einfachem – finde heraus, ob es ihm Spaß macht, durch einen Hula-Hoop-Reifen zu springen (beginne niedrig) oder motiviere ihn, eine Rolle zu machen (führe ein Leckerli über die Schulter deines auf dem Boden liegenden Hundes, dann macht er es ganz von selbst). Ein interessierter Hund wird Augenkontakt suchen, um herauszufinden, was du von ihm willst und was dabei für ihn herausspringt. Artisten genießen es, ein Publikum zu haben. Stelle zwei, drei bewährte Tricks zusammen, dann freut sich dein Tier fast ebenso über den Applaus wie über die Leckerli-Belohnung.

Was, wenn dein Hund kein Interesse zeigt und sich abwendet? Insistiere nicht, versuche es an einem anderen Tag erneut, und wenn er wirklich kein Interesse hat, musst du akzeptieren, dass du eher einen Philosophen als einen Schausteller hast.

SO VIELE BÄLLE

Es gibt noch mehr im Leben als Tennis

Wenn du einen unverbesserlichen Tennisball-Enthusiasten hast, vergiss nicht, dass es noch eine Menge anderer Bälle gibt, die sich für verschiedene Spiele eignen. Mit einem Spielzeugfußball (idealerweise einem, der so robust ist, dass er nicht gleich von begeisterten Hundezähnen durchbohrt wird) kannst du deinem Hund das Dribbeln beibringen und vielleicht sogar das Schießen und Zielen – stelle dafür ein kleines Tor im Garten auf. Ein Quietschball eignet sich wunderbar zum Versteckenspielen und kann bei Hunden, die sich nicht mit Futter bestechen lassen, eine ultimative Rückrufhilfe sein.

Auch Spiele wie Softball oder Fußball können mit Hunden Spaß machen, aber erwarte nicht, dass sie sich an die Regeln halten, und stelle dich darauf ein, dass gewisse Spieler hin und wieder mit dem Ball einfach davonlaufen.

SCHNELLER SPASS

Aktivitäten für Homeoffice-Tage

Bewegung zwischendurch ist gesund: Laufe zwei Mal ums Haus – laufe schnell und nutze Treppen, wo immer möglich – und beende deine Tour dort, wo du die Snacks aufbewahrst. Die meisten Hunde werden sich sofort anschließen, vor allem, wenn sie die Runde einmal gemacht haben und wissen, dass sie am Kühlschrank endet. Damit tust du euch beiden etwas Gutes: eine aktive Pause für dich und eine schnelle Portion Spaß für deinen Hund.

Schraube den Deckel von einer leeren Einwegwasserflasche ab, fülle ein paar Leckerlis hinein und gib sie deinem Hund unverschlossen. Nachdem sie die Leckerlis herausbekommen haben, vergnügen sich die meisten Hunde damit, an der Flasche herumzufummeln, auf ihr zu kauen und sie umherzuwerfen – sie mögen die Knackgeräusche, die dabei entstehen.

Lege ein abgetragenes T-Shirt oder eine aussortierte Strumpfhose neben deinen Schreibtisch und verknote sie. Verstecke dann Leckerlis tief im Inneren dieser Knoten und lasse deinen Hund versuchen, sie dort herauszubekommen.

DAS WÄSCHELEINENSPIEL

Bringe deinen Hund dazu, vor Freude zu springen

Eine Wäscheleine, die auf einer Höhe befestigt ist, die dein Hund relativ leicht erreichen kann, verlangt ihm ein wenig Anstrengung ab, die belohnt wird. Hänge sie drinnen oder draußen in etwa einem Meter Höhe auf (je nach Größe und Sprungkraft deines Hundes ein wenig höher oder niedriger). Nimm dafür ein Stück dicke Schnur oder ein dünnes Seil, befestige die Enden an zwei stabilen Stellen und hänge dann an kürzeren Schnüren oder Wäscheklammern Leckerlis daran auf. Wähle etwas aus, das sich leicht aufhängen lässt – zum Beispiel Würstchen – und lasse dann dein Tier auf die Leine los.

Verzichte auf dieses Spiel, wenn du einen Hund mit langem Rücken hast oder einen, der zu Rückenproblemen neigt. Eine Alternative, die bei jedem Hund funktioniert, besteht darin, kleine Snacks auf einem leichten Teppich oder einer Yogamatte zu verteilen, diese dann fest aufzurollen und sie dem Tier zum Ausrollen vorzulegen.

SEIFENBLASEN FANGEN

Schicke deinen Hund auf Blasenjagd

Hast du bei der Suche nach Dingen, hinter denen dein Hund herjagen kann, schon an Seifenblasen gedacht? Viele Hunde finden sie faszinierend. Genau wie Eichhörnchen können Blasen gejagt werden und sind urplötzlich nicht mehr da. Puste deine ersten Seifenblasen auf niedriger Höhe – die meisten Hunde sehen nicht so oft nach oben wie wir. Du könntest das Spiel mit einer Seifenblasenkette in Nasenhöhe eröffnen, die du an deinem Hund vorbei- und nicht direkt auf ihn zu pustest. Sobald du sein Interesse geweckt hast, mache mit Seifenblasenreihen auf verschiedenen Höhen und in verschiedenem Tempo weiter und produziere so schnell nach, dass, wenn die einen platzen, es immer weitere zu jagen gibt.

Das Geld für die teuren Seifenblasensets aus dem Tierbedarf (mit dem zweifelhaften Versprechen von Speckduft) kannst du dir sparen – das Einfachste funktioniert oft am besten.

DINGE ZUM WERFEN

Spaß mit Frisbees und Stockalternativen

An Tagen, an denen dein Hund in Topform ist, kannst du beim Werfen und Apportieren das Tempo steigern, indem du den Tennisball gegen ein Frisbee tauschst. Nimm ein weiches Modell, das deinem Tier nicht im Gesicht wehtut, wenn es zur falschen Zeit in die Höhe springt. Und es sollte ein Modell mit einem Loch in der Mitte sein, damit dein Hund es triumphierend umhertragen kann, nachdem er es gefangen hat. Frisbees können sehr weit fliegen und sind in der Regel leichter im Flug zu fangen als ein Tennisball, also die perfekte Kombination für einen schnellen Hund.

Wenn dein Hund Stöcke liebt, suche nach einer sichereren Alternative zum Werfen. Es gibt viele davon, zum Beispiel Gummistöcke, Stöcke, die im Dunkeln leuchten, und biegsame Zerrstöcke. Ein echter Stock kann beim Wurfspiel schwere Verletzungen verursachen, etwa Risse an der Kehle. Lasse deinen Hund Holzstöcke mit sich herumtragen, wenn er das unbedingt will – zum Werfen solltest du jedoch etwas Sichereres benutzen.

ZU HAUSE

RUHEZEIT

Lass deinen Hund spielen, wenn du dich konzentrieren musst

Du musst arbeiten oder willst ein Buch lesen, aber dein Hund mag keine längeren Ruhepausen, selbst wenn er morgens und mittags spazieren gehen darf. Mache ihm die Pause schmackhaft, indem du im Voraus planst. Befülle hohle, schwere Gummispielzeuge mit einem Klecks Erdnussbutter, Leberpastete oder Streichkäse. Das wird deinen Hund länger beschäftigen als du denkst. Wenn du die Sauerei ertragen kannst und eine harte Oberfläche oder ein altes Laken hast, das dreckig werden darf – die meisten Hunde lieben echte rohe Knochen (die gekochten Varianten aus dem Tierbedarf enthalten oft Farb- und Zusatzstoffe, sollten also besser gemieden werden).

Nutze die Pausen, die du für deine Augen und deinen Rücken machst – optimalerweise fünf bis zehn Minuten pro Stunde –, für ein schnelles Fang- oder Zerrspiel. Drücke ein oder zwei Leckerlis in die Falten eines Zerrspielzeugs und lasse deinen Hund nach dem Schatz suchen.

LEGE EINE SPIELZEUGKISTE AN

Lasse deinem Hund die Wahlfreiheit

Bei den meisten Hunden sammelt sich eine Menge Spielzeug an – der Plüschteddy aus der Welpenzeit, Bälle und Zerrspielzeuge in verschiedenen Formen und Größen sowie allerlei ungewöhnliche Mitbringsel von anderen. Anstatt sie überall herumliegen zu lassen (und aus Angst vor dem Chaos nicht mehr unters Sofa zu schauen), sammle sie an einem Ort und lege alles, was leicht abnehmbare Teile hat und nur unter Aufsicht bespielt werden sollte, beiseite. Besorge deinem Hund eine für ihn zugängliche Spielzeugkiste, deren Wände so niedrig sind, dass er den Inhalt leicht herausfischen kann. Stelle sie ohne den Deckel in der Nähe seines Bettes auf.

Mit einer offenen Spielzeugkiste kannst du deinem Hund signalisieren, dass jetzt Spielzeit ist, indem du selbst hingehst und darin herumkramst oder ihn aufforderst, selbst die Initiative zu ergreifen („Such deine Spielzeuge!"). Hunde genießen es auch, ihre eigenen Lieblingsspielzeuge für ruhige Solospielphasen frei auswählen zu dürfen.

BEOBACHTUNGS-POSTEN

Richte einen guten Ausguck ein

Hunde beobachten mit Begeisterung die Nachbarschaft, und deine Aufgabe besteht darin, einen guten Platz zu finden, von dem aus dein Hund seine Beobachterqualitäten trainieren kann. Anders als du vielleicht denkst, kann dies einem Kläffer guttun, denn wenn er sieht, was vor sich geht, wird sein Frust darüber, das Leben vor dem Fenster nur hören und nicht sehen zu können, reduziert. Das muss nicht so sein, kann aber, also probier's einfach aus.

Wenn es in deinem Zuhause keinen guten Beobachtungposten gibt, überlege, ob du einen einrichten kannst, den dein Hund einfach erreichen kann. Jedes halbwegs breite Regal unterhalb eines Fensters ist als Sitzplatz geeignet, genau wie die Rückenlehne eines Sofas oder Sessels. Stelle sicher, dass dein Hund leicht dort hochkommt, räume alles Zerbrechliche beiseite und lege ihm ein Kissen oder ein Handtuch hin, damit er es bequem hat. Dein Hund wird an dem Live-Fernsehen, das sein neuer Platz für ihn bereithält, sicher schnell Gefallen finden.

KALTES FÜR HEISSE TAGE

Hilf deinem Hund durch eine Hitzewelle

Wenn du dich an einem sehr heißen Tag ausgelaugt fühlst, dann gilt das für deinen Hund gleich doppelt, vor allem wenn er zu der – erstaunlich häufigen – Sorte gehört, die Schatten oder eine kühle Matte ablehnt und lieber dramatisch hechelnd in der Sonne sitzt. Gekühltes Futter und Wasser hilft ihm, sich abzukühlen.

Friere ein paar Leckerlis ein oder befülle ein hohles Spielzeug oder einen anderen Futterspender mit dem Lieblingssnack deines Vierbeiners und lege es für ein paar Stunden in den Gefrierschrank, bevor du es ihm gibst. Biete ihm Eiswürfel an: Viele Hunde mögen es, sie mit der Nase herumzuschubsen. Benutze ein in kaltes Wasser getauchtes, ausgewrungenes Handtuch als kühles Laken oder bespritze dein Tier ein wenig mit dem Gartenschlauch oder einer Gießkanne. Auch ein kühles Planschbecken kann helfen, und wenn er nicht sofort begeistert ist, kannst du versuchen, ihn durch ein Apportierspiel oder eine Schatzsuche zu einem Sprung ins kühle Nass zu ermutigen.

FITNESSPARCOURS

Geschicklichkeitstraining mit deinem Hund

Mit ein paar Requisiten und ein wenig Improvisation kannst du einen einfachen Geschicklichkeitstest für euch beide zusammenstellen (wenn dein Hund sieht, dass du es ausprobierst, ist er möglicherweise motivierter). Ein kleiner Garten bietet genug Platz, wenn du den Parcours sorgfältig planst. Stelle einen Kinderspieltunnel und zwei oder drei improvisierte Hürden auf – zum Beispiel Blumentöpfe oder Bücherstapel, über die du einen Besenstiel legst – sowie ein paar kleine Spielzeugkegel zum Hindurchschlängeln. Probiere den Parcours selbst aus – der Tunnel ist womöglich ein Härtetest für deine Beweglichkeit – und ermutige dann deinen Hund, es dir gleichzutun, wenn nötig mit ein wenig Bestechung. Wenn dein Tier ein eifriger Alles-Ausprobierer ist, hast du ihm vielleicht die Tür zu einem richtigen, großen Geschicklichkeitsparcours oder einem Agility-Kurs geöffnet, wo er sich mit Gleichgesinnten messen kann.

RÜCKZUGSORT

Gib deinem Hund ein wenig Privatsphäre

Wir brauchen unsere Hunde als Unterstützung, zum Trost und für den Spaß, aber sie brauchen auch Zeit für sich – genau wie wir. Dein Hund muss sich darauf verlassen, dass du erkennst, wann er in Ruhe gelassen werden will. Das signalisiert er dir, indem er seinen Kopf wegdreht, wenn du reinkommst, um zu knuddeln; indem er weggeht, wenn du versuchst, mit ihm zu interagieren; oder indem er sich in eine Ecke verkriecht, um freundliche Annäherungen zu verhindern. Wenn dein Hund einen anstrengenden Tag hinter sich hat – spazieren gehen, Kontakte knüpfen –, sollte er einen Rückzugsort haben, den alle in der Familie respektieren. Das ist womöglich nicht immer derselbe Platz – vielleicht wählt er seinen Schlafplatz, eine Sofaecke oder sogar dein Bett. Wichtig ist, dass du verstehst, wenn er eindeutig keine Lust auf Interaktion hat und seine Ruhe haben will. Wenn er so weit ist, wird er sich wieder ins Familienleben einklinken.

SAUBERE LÖSUNGEN

Mache deinen Wohnraum chemiefrei

Es überrascht nicht, dass Hunde mit ihrer extrem feinen Nase sehr empfindlich auf Gerüche reagieren. Du magst darüber nachgedacht haben, womit du dein Tier fütterst und wo es schläft, aber über die eine ganz wichtige Sache hast du dir womöglich noch keine Gedanken gemacht: wie dein Zuhause riecht. Was du als wohlriechend empfindest, ist für deinen Hund mitunter weniger angenehm. Aggressive künstliche Gerüche in Duftkerzen, Lufterfrischern und Reinigungsmitteln können für ihn höchst unangenehm sein und es ist sogar belegt, dass die darin enthaltenen Chemikalien Hundehautallergien hervorrufen können. Daher solltest du in Betracht ziehen, diese Produkte zu entsorgen und stattdessen auf einfache Kernseife und offene Fenster zu setzen. Damit tust du nicht nur deinem Tier etwas Gutes, sondern auch der Umwelt.

GELUNGENE PLAYDATES

Gäste empfangen

Hunde brauchen andere Hunde in ihrem Leben und du möchtest, dass dein Tier ein gutes nicht-menschliches Sozialleben hat, mit gegenseitigen Besuchen zu Hause und geselligen Spaziergängen. Es ist auch für dich von Vorteil, wenn du dich bei der Hundebetreuung mal mit anderen abwechseln kannst und weißt, dass dein Hund bei einem Kumpel viel Spaß haben wird.

Nicht jeder Hund ist der geborene Gastgeber. Wenn ihr also zum ersten Mal ein anderes Tier zu Hause empfangt, solltest du drei Dinge tun, damit der Besuch ein Erfolg wird. 1. Starte mit einem Spaziergang, damit beide Hunde Zeit haben, einander zu beschnüffeln und zu interagieren, bevor der Gast in das Revier deines Hundes eindringt. 2. Verstecke alle Lieblingsspielzeuge deines Hundes – es ist sehr viel wahrscheinlicher, dass die beiden aneinandergeraten, wenn sie um ein wertvolles Spielzeug zanken. 3. Halte erste Besuche kurz und beaufsichtige sie. Mache beiden Hunden klar, dass du das Sagen hast, und verteile reichlich Lob und Leckerlis an beide.

BEQUEM SCHLAFEN

Prüfe, ob dein Hund das bestmögliche Bett hat

Hast du das Bett deines Hundes vor allem danach ausgesucht, wie es aussieht? Wenn dem so ist, könnte es sich lohnen, es noch einmal genauer in Augenschein zu nehmen. In welcher Position sich Hunde ausruhen, kann stark variieren, und je älter sie werden, desto wichtiger ist es, dass sie ein stützendes Bett haben, das ihre Schmerzen lindert und in dem sie gut schlafen.

Die meisten Hunde haben ein großes Repertoire an entspannten Körperhaltungen – komplett flach ausgestreckt, eng zusammengerollt oder sogar auf dem Rücken liegend. Die besten Hundebetten sind seitlich so stabil, dass sich die Tiere dagegen lehnen und so groß, dass sie sich komplett darin ausstrecken können. Wenn du Zweifel hast, nimm deinen Hund zum Bettenkauf mit. Ein beliebtes Modell, dass vermutlich allen Bedürfnissen gerecht wird, ist das sogenannte Donut-Bett, ein großes Oval mit gepolstertem Boden und einer dick gepolsterten, Nackenkissen-ähnlichen Einfassung, die stabil genug ist, um den Rücken des Hundes zu stützen, und breit genug, damit er sein Kinn darauf ablegen kann.

GEEIGNETE LECKERLIS

Ersetze Hunde-Junkfood durch gesunde Snacks

Hunde brauchen Leckerlis – betrachte sie als Lohntüte deines Tieres. Allerdings müssen Leckerlis nicht immer aus der Packung kommen. Viele Hunde mögen erstaunlich gern Obst und Gemüse. Experimentiere mit verschiedenen Angeboten: Vielleicht entpuppt sich dein Tier als heimlicher Karotten- oder Apfel-Fan.

Wenn diese gesunden Dinge deinen Hund kalt lassen, musst du ihm dennoch nicht gleich Hunde-Junkfood vorsetzen. Sieh dir die Nährwerttabellen auf den Leckerli-Packungen an und wähle ein Produkt mit einem hohen Anteil an einem einzigen Protein, z. B. Ente oder Fisch. Wörter wie „natürlich" haben in diesem Zusammenhang sehr wenig Bedeutung – lies dir die Liste der Zutaten durch und vermeide alles, was viele Zusatzstoffe enthält, sowie Dinge, die du nicht kennst. Wenn du deinem Hund etwas (aus seiner Sicht) wirklich Luxuriöses servieren willst, dann bereite seine Snacks selbst zu. Im Netz gibt es viele Rezepte, etwa für gebackene Leber-Leckerlis. So weißt du nicht nur ganz genau, was drin ist, sondern du kannst auch einen Monatsvorrat anlegen und die Leckerlis portionsweise einfrieren.

KAUOPTIONEN

Dinge, die dein Hund zernagen und zerkauen kann

Eine gute Kaubeschäftigung hat viele Vorzüge: Sie hilft, einen zahnenden Welpen zu beruhigen, beruhigt in Momenten der Unsicherheit und des Stresses, trainiert die komplexe Muskulatur von Wangen und Kiefern und dient dem Reinigen der Zähne.

Versorge deinen Hund mit verschiedenen Kauartikeln und halte alles Verbotene von ihm fern – diese Lektion lernst du mit den ersten zerkauten Schuhen. Biete ihm folgende Optionen an: rohe Knochen (heißgeliebt, aber eine ziemliche Sauerei), Schweineohren, Hühnerfüße und Ochsenziemer (besser, wenn du nicht mehr darüber weißt) – geruchsintensive Köstlichkeiten aus dem Tierbedarf (wähle die Varianten ohne Farbstoffe). Eine weitere gute Option, die ein wenig teurer, aber für das Raumklima angenehmer ist, sind Käsekaustangen – harte, langlebige und nahezu geruchslose Sticks aus stark fettreduzierter Milch.

Vermeiden solltest du Kauartikel aus behandeltem Rohleder. Früher waren sie sehr beliebt und in allen Formen und Größen erhältlich. Heute weiß man jedoch, dass sie für Hunde schwer zu verdauen sind.

DEIN IST MEIN

Zu Hause Grenzen setzen

Wenn dein Hund deine Möbel benutzen darf, solltest du dir eine Strategie für den Fall überlegen, dass er beschließt, dass nicht nur das, was ihm gehört, sein ist, sondern auch das, was dir gehört. Was ist zu tun, wenn dein Hund das Sofa (oder eine andere Sitzgelegenheit) ganz für sich allein beansprucht?

Es ist einfacher, einen Hund davon abzuhalten, aufs Sofa zu springen, als ihn davon herunterzubekommen. Lege es daher besser nicht auf eine Konfrontation an. Wenn dein Hund auf dem Sofa liegt und nicht runter will, ändere deine Taktik. Verlasse den Raum und öffne lautstark den Kühlschrank oder knistere mit einer Tüte Knabberzeug – locke deinen Hund mit einem verführerischen Geräusch zu dir. Gehe dann zurück zum Sofa, aber erlaube ihm nicht gleich wieder dazuzukommen. Lasse ihn Sitz machen und belohne ihn dafür, bevor du ihn offiziell aufforderst hochzuspringen. Wiederhole das Ganze mehrere Male, bis dein Hund Blickkontakt aufnimmt, um zu „fragen“, ob er aufs Sofa kommen darf.

UNTERWEGS

ACHTE AUF ABWECHSLUNG

Durchbrich den immer gleichen Trott

Wenn du herausgefunden hast, womit du die Aufmerksamkeit deines Hundes wecken kannst, setze nicht auf die immer gleiche Strategie, auch wenn diese hundertprozentigen Erfolg verspricht – so entwickeln sich ungesunde Zwänge, oder, genauso schlecht, irgendwann langweilst du deinen Hund. Du willst doch mehr als einen Trick beherrschen. Finde heraus, was deinen Hund motiviert – ein Lieblingsleckerli, -spielzeug oder -geräusch, mit dem du garantiert sein Interesse weckst – und variiere diese Motivatoren in unregelmäßiger Reihenfolge. Nimm an einem Tag seinen Lieblingsball mit auf den Spaziergang, lasse ihn am nächsten nach Leckerlis suchen (verteile einfach eine Handvoll Leckerlis im hohen Gras) und motiviere ihn am dritten Tag durch deine Aufmerksamkeit, indem du ihn mit einer Pfeife oder einem Wort, das er mit einer Belohnung assoziiert, zurückrufst, wenn er sich zu weit entfernt.

Bei einem Spaziergang solltest du voll und ganz bei der Sache sein – genau wie dein Hund. Stecke dein Handy weg, beobachte und genieße deine Umgebung (und sei auf Unvorhergesehenes gefasst).

KAFFEE MIT HUND

Wie ihr Café-Besuche genießen könnt

Wenn du nach dem Spaziergang noch Lust auf einen Kaffee hast, denke dabei auch an dein Tier. Ein Hund von Welt spaziert möglicherweise selbstbewusst in ein Café und begibt sich geradewegs ans Ende des Tresens, wo die Hundekekse liegen. Für andere Hunde kann der Café-Besuch eine Überforderung sein – laut, überfüllt, voller seltsamer Gerüche und einer Menge Hindernissen auf Nasenhöhe.

Sorge dafür, dass auch ein empfindsamer Hund eine gute Zeit hat. Nimm etwas Weiches mit, das nach Zuhause riecht – das kann ein alter Pulli oder ein kleines Handtuch sein (aber immer dasselbe!) – und auf dem er sitzen kann. Setze dich an einen Platz, an dem sich dein Hund sicher fühlt und von dem aus er nach draußen sehen kann, idealerweise neben deinen Füßen an einer Wand. Ein schüchterner Hund sitzt vielleicht lieber draußen, wo er sich weniger eingeengt und eingeschüchtert fühlt. Finde heraus, womit sich dein Hund am wohlsten fühlt, dann habt ihr beide Spaß dabei, Menschen (und Hunde) zu beobachten.

LANGSAM GEHEN

Lasse dein Tier das Tempo vorgeben

Wenn du normalerweise einen ganz bestimmten Weg gehst (immer von A nach B oder einen vertrauten Rundweg), lasse zur Abwechslung mal deinen Hund den Weg vorgeben. Gib ihm die Möglichkeit, nach Herzenslust zu schnüffeln, anstatt ihn vorwärtszutreiben. Nimm dir ein, zwei Stunden Zeit, damit du nicht unter Druck gerätst und dein Hund Gelegenheit bekommt, den Weg zu erkunden, auf den er immer schon neugierig war.

Vor allem für Hunde, die an der Leine laufen (und davon gibt es eine Menge, aus vielerlei Gründen), bietet ein gemächlicher Spaziergang die Chance auf ein volles Dufterlebnis – langes, intensives Schnuppern an all den Gerüchen, an denen sie normalerweise vorbeigehetzt werden.

Wenn dein Hund zu denen gehört, die jeden Spaziergang als Rennen betrachten, kannst du ihm mit einer Handvoll Leckerlis, die du im hohen Gras verteilst, die Möglichkeit geben, herumzustöbern und zu verschnaufen.

NEUE KONTAKTE KNÜPFEN

Gib neuen Freundschaften eine Chance

Wenn dein Hund bei neuen Kontakten eher zögerlich ist, organisiere ein paar Treffen mit niedrigem Stressfaktor. Erkundige dich nach „ruhigen“ Hunden, deren Menschen dir beim Trainieren helfen können, und probiere es mit einem gemeinsamen Spaziergang. Führt die Hunde an der lockeren Leine und geht in etwa fünf Metern Abstand (oder mehr, wenn dein Hund Anzeichen von Angst erkennen lässt) zueinander. Verringert nach und nach den Abstand, damit sich die Hunde an mehr Nähe gewöhnen – über den Geruch nehmen sie eine Menge Informationen über das andere Tier auf. Dies ist ein risikoarmer Weg, Hunde miteinander bekanntzumachen: Wenn alles ruhig verläuft, könnt ihr nebeneinander herlaufen und die Hunde ermutigen, einander zu beschnuppern. Wenn dein Tier jedoch ängstlich wirkt, kannst du den Abstand zwischen den Hunden wieder vergrößern und es an einem anderen Tag erneut versuchen.

Auch wenn dein Hund sehr kontaktfreudig ist und jeden Hund, den er sieht, begrüßen will (aber damit vielleicht überfordert), ist dies eine sinnvolle Übung, die du ab und zu durchführen solltest – Menschen von weniger geselligen Hunden werden dir dankbar sein.

BESCHÜTZE DEINEN HUND

Wenn andere Hundehalter*innen nicht zuhören

Da dein Hund nicht für sich selbst sprechen kann (für die, die genau hinsehen, sendet er gleichwohl einen Haufen Signale aus), solltest du dich vor Menschen in Acht nehmen, die keine Hundesprache sprechen. Dazu gehört womöglich der „Keine Sorge, der tut nichts!“-Typ, dessen Hund dein Tier ganz offensichtlich einschüchtert, aber auch die wohlmeinende, aber unsensible Fremde, die dem Kopf deines Hundes ungefragt nahekommt, obwohl dein Tier davon ganz offensichtlich nicht begeistert ist.

Hunde können eine Menge tolerieren und tun dies auch, aber manchmal sollten sie das wirklich nicht tun müssen. Wenn du mit deinem Vierbeiner unterwegs bist, achte darauf, wann du für ihn sprechen solltest. Wenn eine andere Person und/oder ein anderer Hund weder dir noch deinem Hund zuhört, zögere nicht, dein Tier in aller Ruhe aus dieser Situation wegzuführen – das ist nicht unhöflich, du handelst nur in seinem Interesse.

HUNDE-PARCOURS

Die natürliche Geschicklichkeit weiterentwickeln

Bei einem Hundeparcours geht es darum, auf Dinge wie Baumstämme oder Heuballen zu klettern und auf ihnen zu balancieren, unter Dingen hindurch zu kriechen oder zwischen verschiedenen Hindernissen hin und her zu springen.

Nutze die natürliche Begeisterung deines Hundes und baue einen kleinen Parcours in einen gewöhnlichen Spaziergang ein. Die einfachste Variante besteht darin, dass du ihn ermutigst, über einen Baumstamm oder Ast zu laufen. Wenn er zusätzliche Motivation braucht oder du ihn während des Spaziergangs überraschen willst, mache aus einem Stamm einen Würstchenbaum: Stecke ein paar kleine, intensiv duftende Leckerlis in die Spalten des Stammes. Alle sollten in Reichweite sein, aber für manche sollte er sich ein wenig mehr anstrengen müssen (für einen älteren oder rheumageplagten Hund solltest du die Übung nicht zu schwierig halten). Aber Achtung, du kannst vielleicht nie wieder an diesem Baum vorbeilaufen, ohne dass dein Hund stehen bleibt und ihn genau inspiziert.

FELD DER FREIHEIT

Auslauf für Leinenhunde

Sicher eingezäunte Wiesen, auf denen Hunde ohne Leine herumtollen können, werden immer beliebter und zahlreicher. Ein Ausflug an einem solchen geschützten Ort ist insbesondere dann sinnvoll, wenn dein Hund normalerweise an der Leine läuft und sich nicht gut zurückrufen lässt oder die Gesellschaft anderer Hunde mag. Hundeausläufe sind genau das, was man sich unter ihnen vorstellt – große, offene, sicher umzäunte Flächen, manchmal mit Spielgeräten wie Hindernissen.

Mache einen Solo-Ausflug mit deinem Hund und beglücke ihn mit einer Runde Kicken, Apportieren oder Schnüffeln. Wenn dein Hund eher der wählerische Typ ist, aber ein oder zwei gute Freunde hat, kannst du auch einen Gruppenausflug organisieren, bei dem die Truppe ungestört spielen kann.

VERSTECKENSPIELEN

Bringe deinem Hund Teamwork bei

Wenn du mit einem Hund und Kindern spazieren gehst, kannst du mit allen zusammen Verstecken spielen. Lenke deinen Hund ab, während sich eines der Kinder in der Nähe versteckt. Halte es einfach – es reicht, wenn das Versteck hinter einem Baum oder einem Busch liegt –, sucht dann gemeinsam nach dem Kind und veranstaltet ein großes Geschrei, wenn ihr es findet. Spielt in wechselnden Kombinationen. Du kannst dich auch mit dem Hund verstecken und die Kinder nach euch suchen lassen. Nutze die „Bis zehn zählen"-Regel, während sich jemand versteckt, um mit deinem Hund die Kommandos „Sitz" und „Bleib" zu trainieren.

Die meisten Hunde lieben es, Teil des Suchtrupps zu sein. Ist dein Hund jedoch zu aufgeregt und fängt an hochzuspringen, wenn der/die Versteckte gefunden wurde, dann tauscht die Rollen und verstecke dich in der nächsten Runde mit ihm zusammen. Mache ihm mit Körpersprache deutlich, dass er still sein muss – die meisten Hunde begreifen das schnell.

EINE*N DOGWALKER*IN FINDEN

Wer passt am besten zu deinem Hund?

Eine*n Dogwalker*in für ein Stündchen zu buchen, scheint naheliegend, wenn du deinen Hund einen Teil des Tages allein lassen musst, seinem Bewegungsdrang aber dennoch gerecht werden und ihm Gesellschaft verschaffen willst. Aber wir alle haben schon Hundeausführer*innen gesehen, die sich in den Leinen zu vieler Hunde verheddern; außerdem sind Gruppenspaziergänge nicht für jedes Tier geeignet.

Überlege, ob dein Hund mit einem Gruppenausflug klarkommt und ihn genießen kann (siehe auch die Karte „Unterwegs mit Dogwalker*in"). Wenn du meinst, dass er das schafft, stelle potenziellen Dogwalker*innen die entscheidenden Fragen: Sind sie und ihr Fahrzeug für diese Dienstleistung ausreichend versichert? Wie werden die Hunde gefahren – in Einzelboxen? Mit wie vielen Hunden sind sie unterwegs (als Faustregel gilt: nicht mehr als vier Hunde pro Dogwalker*in)? Wo gehen sie hin? Wenn du eine Person findest, die dir gefällt, frage, ob du sie auf zwei Spaziergängen begleiten darfst, beim ersten allein, beim zweiten mit deinem Hund. Wenn du mit allem zufrieden bist, sollte dein Tier in sicheren Händen sein.

UNTERWEGS MIT DOGWALKER*IN

Aus Sicht deines Hundes

Ist die Art von Spaziergang, den ein*e Dogwalker*in anbietet, für deinen Hund geeignet? Für einen geselligen Hund, der Abwechslung liebt, können Gruppenspaziergänge das Highlight des Tages sein. Ist dein Hund jedoch zurückhaltender und braucht eine Weile, um mit neuen Bekanntschaften warm zu werden – egal ob Menschen oder Hunde –, kann es ihn überfordern, in einer Menge zu laufen und sich an verschiedene Persönlichkeiten und Stile anzupassen.

Wenn dein Hund so ist, suche dir eine*n Dogwalker*in, der/die Einzelspaziergänge anbietet und nur deinen Hund ausführt oder teste die Möglichkeit von Dogsharing-Spaziergängen mit einem anderen Hund, den dein Tier entweder schon kennt und mit dem es klarkommt oder den es nach und nach kennenlernen kann. Das kostet wahrscheinlich ein bisschen mehr als Spaziergänge mit einer größeren Gruppe, aber dein Hund fühlt sich mit einem Arrangement, das ihm weniger abverlangt, sicherlich wohler.

DEM SPIEL EIN ENDE SETZEN

Wie du ein Spiel höflich beendest

Auf einem Spaziergang drängt die Zeit, aber dein Hund ist noch mitten im Spiel – es gibt Möglichkeiten, wie du das Spiel beenden kannst, ohne die Stimmung zu verderben. Das Schlüsselwort heißt Ablenkung. Wenn du zum Beispiel aufgefordert wirst, den Ball noch einmal zu werfen, tue etwas Unerwartetes: Mache ein überraschtes Geräusch und laufe dann weg, sodass dein Hund hinter dir herlaufen kann, oder wirf zwei Bälle in unterschiedliche Richtungen und laufe dann hinter dem her, den dein Hund nicht geholt hat, sodass er sich beeilt, dich einzuholen.

Das Ziel dabei ist, das Spiel mit verschiedenen Techniken zu einem natürlichen Ende zu bringen, die Action dabei aber aufrecht zu erhalten. Denn wenn dein Hund erkennt, dass eine bestimmte Sequenz immer das Ende des Spaßes bedeutet, ignoriert er dich möglicherweise.

DIE RICHTIGEN BASICS

Geeignete Halsbänder und Geschirr

Unabhängig von Farbe, Material und Stil sind gutsitzende Halsbänder und Geschirr für das Wohlbefinden deines Hundes ebenso wichtig wie bequeme Schuhe für dich selbst. Probiere sie aus, bevor du sie kaufst, und verlasse dich nicht auf die Größenangaben. Halsbänder sollten so groß sein, dass dein kleiner Finger zwischen das Halsband und den Hals des Hundes passt (Windhunde wie Salukis oder Whippets benötigen für ihre langen Hälse extrabreite Halsbänder).

Die meisten Hunde bevorzugen ein Geschirr, in das sie hineinsteigen (und das sie sehen) können, gegenüber einem Halsband, das ihnen über den Kopf gezogen wird (und das sie dabei aus dem Blick verlieren). Ein gutsitzendes Geschirr sollte so beschaffen sein, dass die Schultergurte und das Brustteil am Brustbein des Hundes aufeinandertreffen. Da es keine Einheitsgröße für alle gibt, solltest du verschiedene Modelle und Größen ausprobieren, bis du das Richtige für deinen Hund gefunden hast, also ein Geschirr, dessen Länge, Weite, Gewicht und Gurtposition perfekt auf seinen Körper abgestimmt sind. Er wird es jeden Tag tragen, daher sollte es sorgfältig ausgesucht sein.

FAIRER TAUSCH

Nimm nichts weg, tausche lieber

Wenn dein Hund etwas hat, das er nicht haben soll, besteht die schlechteste Taktik darin, zu versuchen, es ihm wegzunehmen, oder – ebenso schlecht – eine für ihn unterhaltsame Verfolgungsjagd zu starten. Mache stattdessen regelmäßige Tauschaktionen zum Teil eures Spiels und schaffe damit eine gute Grundlage für Momente, in denen du ihm dringend etwas wegnehmen musst. Warum sollte er mit dir tauschen? Weil du ihm etwas Attraktives anbietest. Habe immer ein kleines, attraktives Spielzeug, einen Ball oder ein Döschen mit Leckerlis dabei.

Damit der Tausch gelingt, trainiere das Vorgehen, wenn dein Hund mit etwas beschäftigt, aber nicht davon gefesselt ist. Inszeniere den Köder mit einem fröhlichen, aufmerksamkeitsheischenden Ausruf – „wow!“ – und präsentiere ihn mit einer Hand, während du dich bereit machst, den gewünschten Gegenstand mit der anderen Hand an dich zu nehmen (nicht wegschnappen). Lasse diese Taktik zu einer guten Gewohnheit werden: Sie stärkt deine Rolle als Lieferant*in guter Dinge, schafft Vertrauen bei deinem Hund und stellt sicher, dass du in entscheidenden Momenten einen Tausch durchführen kannst.

UNVERHOFFTER BONUS

Motiviere deinen Hund mit Belohnungen

Wenn du deinem Hund etwas Einfaches beibringen willst, ganz gleich, ob es darum geht, an der Eingangstür zu warten oder eine matschige Pfote hochzuheben, damit du sie abwischen kannst: Mithilfe eines anständigen Belohnungssystems kannst du ihn zum Lernen motivieren (mal ehrlich, würdest du ohne Bezahlung arbeiten?).

Sobald dein Tier das Prinzip verstanden und sich an die „Tu-dies-bekomme-ein-Leckerli"-Abfolge gewöhnt hat, wirst du feststellen, dass unregelmäßige, unvorhersehbare Belohnungen seine Motivation noch steigern. Das bedeutet, dass du mal die gewohnte Belohnung anbietest und mal das gewünschte Verhalten ohne diese Belohnung verlangst, gelegentlich aber eine Extra-Belohnung – mehrere Leckerlis oder einen Überraschungssnack, den dein Hund sehr liebt – zur Stärkung dieses Verhaltens einsetzt. Dieser zufällige Bonus schafft bei deinem Hund eine stärker positive Assoziation mit der Aufgabe als eine verlässliche, aber wenig aufregende Leckerli-Routine.

LÖSUNGEN

SCHNELLE REAKTIONEN

Gib klare Signale mit punktgenauen Reaktionen

Wenn du den Eindruck hast, dass dein Hund neue Dinge manchmal nur langsam aufnimmt, stelle sicher, dass es nicht an deinem eigenen Timing liegt. Wenn du es falsch angehst, sorgst du dafür, dass sich Gewohnheiten verfestigen, die du vermeiden willst.

Studien haben gezeigt, dass du maximal eine Sekunde Zeit hast, um im Kopf eines Hundes zwei Dinge miteinander zu verknüpfen – danach hast du die Verbindung verloren. Angenommen, du willst deinem Hund beibringen, dass er Sitz macht, bevor du seinen Futternapf hinstellst: Du sagst „Bleeeiiib" – timst dann aber das „OK" falsch, mit dem du ihn „freigibst". Daraufhin stürzt er sich auf das Futter, noch bevor der Napf den Boden berührt hat. So bringst du ihm unabsichtlich bei, dass genau dies das Ergebnis ist, das du dir wünschst. Trainiere dein Timing mit viel Blickkontakt – die meisten Tiere sind bereit, sich um das gewünschte Ergebnis zu bemühen, aber auf ihr sekundenschnelles Timing musst du mit einem ebensolchen reagieren.

UMGEKEHRTE JAGD

Mache deinen Hund zum Jäger, nicht zum Gejagten

Ein guter Rückruf ist wichtig – wenn du dich darauf verlassen kannst, dass dein Hund kommt, wenn du ihn rufst, bedeutet das mehr Freiheiten für euch beide, wenn ihr zusammen unterwegs seid. Das Spiel mit der umgekehrten Jagd hilft dabei. Fast alle Hunde sind schneller als wir Menschen, wenn sie einen Sprint einlegen, und wenn es für deinen Hund zu einem Spiel wird, vor dir wegzurennen, wird er das immer wieder tun. Kehre die Dinge um. Das hilft dabei, einen verlässlichen Rückruf aufzubauen.

Die Jagd umkehren bedeutet, dass du gejagt wirst. Beginne mit einem kurzen Abstand zwischen dir und deinem Hund und sorge dafür, dass er nicht anderweitig abgelenkt ist. Rufe dann seinen Namen, laufe weg und mache viel Aufhebens, wenn er dich „fängt". Du kannst in Deckung gehen, einen Hechtsprung machen und ein paar Mal die Richtung wechseln, bevor du „erwischt" wirst. Spiele das regelmäßig auf euren Spaziergängen, vergrößere nach und nach den Abstand zwischen euch und steigere die Zahl der Ablenkungen, bevor du ihn zurückrufst.

LÖSUNGEN

AUGENKONTAKT

Nimm Blickkontakt mit deinem Hund auf

Zu wissen, dass dein Hund dir Aufmerksamkeit schenkt, wenn du ihn dazu aufforderst, ist der Schlüssel zum Aufbau eurer Bindung. Das kannst du erreichen, indem du ihn regelmäßig dazu aufforderst und ihn dafür belohnst. Nutze ein Sprachsignal, um dir seine Aufmerksamkeit zu sichern – ein gängiges Signal ist das Kommando „Sieh mich an!" –, und halte ein Leckerli bereit, das du auf den Boden wirfst, sobald dein Hund Blickkontakt aufnimmt.

Trainiere diese Signal-/Belohnungs-Methode mehrmals am Tag – zu Hause, unterwegs, ganz gleich was du gerade machst. Damit dein Vorhaben erfolgreich ist, solltest du anfangs dafür sorgen, dass dein Hund durch nichts anderes stark abgelenkt ist. Sobald sich die Gewohnheit verfestigt hat, versuche es auch, wenn andere Dinge um euch herum passieren.

Warum du das Leckerli auf den Boden werfen und ihm nicht geben sollst? Das ist eine Frage des Timings – wenn du es deinem Hund mit der Hand reichst, kann dabei der Augenkontakt abbrechen. Sorge stattdessen dafür, dass das Leckerli eine Sekunde nachdem der Blickkontakt hergestellt wurde auf dem Boden liegt.

LÖSUNGEN

LIEBER „JA“ ALS „NEIN“

Bestärke deinen Hund, sich richtig zu verhalten

Wie bei uns Menschen, so ist es auch bei Tieren: Niemand lässt sich gern zurechtweisen, aber jeder hört gern, wie großartig er ist. Die meisten Hundetrainer*innen und Verhaltensberater*innen sind sich einig, dass wir nicht annähernd genug Zeit damit verbringen, unsere Hunde für das zu loben, was sie richtig machen. Achte ein Wochenende lang sorgfältig auf alles, was dein Hund gut macht, und kommentiere es – einschließlich allem, was er richtig macht, ohne dazu aufgefordert zu werden, wie zum Beispiel ins Auto zu springen und sich von der Haustür fernzuhalten, wenn es klingelt.

Wenn du dir angewöhnt hast zu korrigieren, was er etwas falsch macht, aber zu ignorieren, was er gut macht, wirst du vermutlich überrascht sein, wieviel er eigentlich richtig macht. Und da Lob für Hunde ein guter Motivator ist, wirst du damit das „richtige“ Verhalten verstärken.

FÜHRE EINE INSPEKTION DURCH

Ist deine Einrichtung für deinen Hund noch immer geeignet?

Nur weil etwas für deinen Hund früher mal geeignet war, heißt das nicht, dass es heute immer noch für ihn geeignet ist. Obwohl Hunde eine kürzere Lebensspanne haben als wir, durchlaufen auch sie verschiedene Lebensphasen, und ein und derselbe Hund kann mit einem Jahr, mit fünf oder zehn Jahren ganz anders sein. Überprüfe regelmäßig, ob die gegebenen Bedingungen für ihn ideal sind, und verändere, wenn nötig, die Alltagsroutine.

In der Praxis bedeutet dies, dass du das Bett eines alternden Hundes dahingehend prüfst, ob es genügend Halt für seine zunehmend rheumatischen Gelenke bietet; dass du einen Tritt bereitstellst, wenn er seinen Sofaplatz nicht mehr so leicht erreicht, und dass du eure Spaziergänge mehr auf das Schnüffelerlebnis und weniger auf kräftezehrendes Laufen ausrichtest. Bei einem jungen Hund im Zahnwechsel solltest du darauf achten, dass er genügend Kaumöglichkeiten hat und mit ihm ein paar Denkspiele spielen, um ihn sowohl körperlich als auch geistig zu stimulieren.

LÖSUNGEN

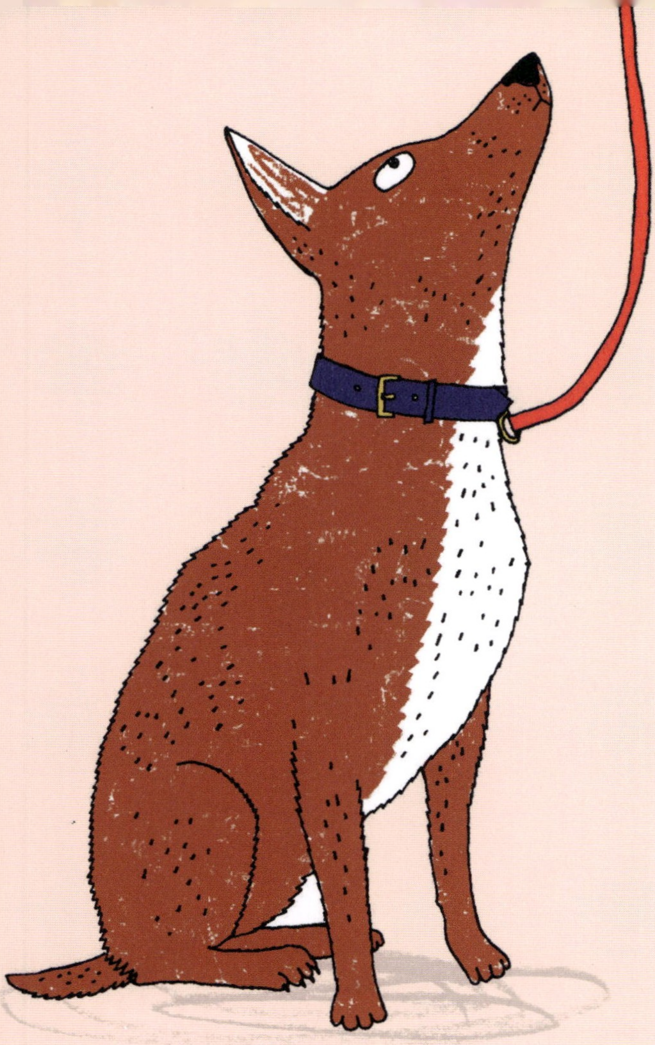

NUTZE DIE SANFTE METHODE

Positives Training funktioniert am besten

In den letzten 20 Jahren haben Verhaltensforscher*innen und Hundetrainer*innen mit der alten Vorstellung aufgeräumt, dass Menschen ihre Hunde dominieren müssen, um sie zu erziehen. Stattdessen hat sich die Erkenntnis durchgesetzt, dass eine ausschließlich auf positiven Methoden beruhende Erziehung sowohl in praktischer als auch in ethischer Hinsicht besser funktioniert. Die meisten Hunde bemühen sich sehr zu verstehen, wenn man sie freundlich erzieht.

Das weißt du natürlich, aber denke daran, dementsprechend zu handeln, wenn du deinem Hund etwas beibringen willst und merkst, dass du die Geduld verlierst. Wenn du ungeduldig wirst, verschiebe das Lernen auf ein andermal und mache stattdessen etwas, an dem ihr beide Spaß habt. Auch ein nicht erfolgreiches Training solltest du stets positiv beenden, mit etwas Leichtem, das dein Hund gut kennt – zum Beispiel einem einfachen „Sitz“ –, und einer Belohnung.

EINFACHE MEDIKAMENTEN-GABE

Verabreiche Pillen ohne Quälerei

Früher oder später wirst du deinem Hund eine Pille geben müssen. Sicherzustellen, dass er sie auch wirklich schluckt, kann jedoch ein harter Kampf sein. Wenn sie es einmal begriffen haben, schaffen es die meisten Hunde, den Schinken zu verschlingen und die Pille, die darin versteckt war, ordentlich auf dem Boden liegen zu lassen. Es gibt eine sehr viel zuverlässigere und schnellere Verabreichungsmethode, sie erfordert lediglich ein wenig Vorarbeit.

Bereite einmal pro Woche fünf oder sechs kleine Happen vor, in denen du später eine Pille verstecken könntest – kleine Wurst- oder Käsewürfel zum Beispiel –, und verfüttere sie dann ruckzuck, eins nach dem anderen, an deinen Hund. Wenn du ihm dann tatsächlich eine Pille verabreichen musst, verstecke sie im dritten oder vierten Leckerli und bleibe bei der gewohnten Routine: Bis dahin ist er an diese Schnellfeuermethode so gewöhnt, dass er nicht misstrauisch wird und die Pille mit dem Rest hinunterschlingt.

NICHT SCHREIEN

Nutze deinen Tonfall für deine Botschaft

Wahrscheinlich haben wir alle unsere Hunde schon einmal angeschrien – aber wenn du dein Tier dazu bringen möchtest, dir Aufmerksamkeit zu schenken und zu tun, was du willst, funktioniert diese Taktik selten. Sie baut auch kein Vertrauen auf. Statt laut zu werden, versuche es auf die leise Art. Wenn jemand etwas in einem leisen, ernsten Tonfall sagt, schenkst du ihm viel eher deine Aufmerksamkeit – das Gleiche gilt für deinen Hund.

Mit einer leisen Stimme („Schluss mit Bellen") kannst du ihn beruhigen und seine Aufmerksamkeit wecken. Sobald du diese hast, kannst du wieder zu einem lauteren, fröhlicheren Tonfall wechseln („Wo ist dein Spielzeug?"), um die Situation weiterzuentwickeln und die Dinge in die Richtung zu lenken, die du dir wünschst.

REDEST DU ZU VIEL?

Weiß dein Hund, dass du mit ihm sprichst?

Wahrscheinlich redest du immerzu mit deinem Hund – du plauderst, teilst ihm deine Pläne für den Tag mit, erzählst ihm, was gestern passiert ist, oder sagst ihm, was für ein braves Tier er ist. Aus Hundesicht hören Menschen einfach nie auf zu reden. Und da die Wörter unentwegt aus uns herausfließen, hat dein Hund vielleicht gelernt, zunächst nach anderen Hinweisen Ausschau zu halten, die ihm Aufschluss über deine Stimmung geben sowie darüber, was bevorsteht und was du von ihm willst.

Hunde sind Meister darin, unsere Körpersprache zu lesen, aber sie sprechen unsere Sprache genauso unzureichend wie wir die ihre. Wenn du die Aufmerksamkeit deines Hundes haben willst, stelle (auf ruhige Art) sicher, dass er weiß, dass du mit ihm sprichst. Achte auf deinen Tonfall und beschränke die Anzahl deiner Wörter auf ein Minimum. Das ist schwieriger als du vielleicht denkst!

LÖSUNGEN

WISSE, WANN ES REICHT

Die Erziehung deines Hundes überdenken

Es gibt eine Fülle von Informationen dazu, wie man seinem Hund etwas beibringt, und viele davon widersprechen einander. Wenn du dich einmal für eine Erziehungsmethode entschieden hast, kann es verlockend sein, damit weiterzumachen, auch wenn dein Tier es ganz offensichtlich nicht versteht. Wenn du regelmäßig verwirrende Signale erhältst – dein Hund dreht seinen Kopf oder Körper weg, sucht häufig Augenkontakt („Was willst du von mir?“) oder lässt einen zunehmenden Unwillen erkennen, sich zu beteiligen – solltest du nicht unerbittlich weitermachen.

Überlege, was du ihm beizubringen versuchst – vielleicht solltest du es in kleinere Schritte aufbrechen? Redest du zu viel? Versuchst du, deinem Hund etwas beizubringen, das er wirklich nicht lernen will (ein Hund mit schmerzenden Gelenken wird sich schwer dazu bringen lassen, höher zu springen als für ihn angenehm ist) – und vielleicht nicht braucht? Es wird einen Grund dafür geben, dass es nicht funktioniert, und wahrscheinlich versucht dein Hund dir zu sagen, woran es liegt. Achte also auf Signale, die er dir gibt, und ändere, wenn nötig, die Richtung.

LÖSUNGEN

TRAINING ALS GEWOHNHEIT

Sei konsequent bei dem, was du willst

Deinen Hund dazu zu bringen, sich so zu verhalten, wie du es dir wünschst (das ist im Wesentlichen, was „Training“ meint), geht schneller und ist für ihn weniger verwirrend, wenn du rund um die Uhr daran arbeitest, als wenn du ihn beispielsweise zehn Minuten lang bei Fuß gehen und den Rest der Zeit Amok laufen lässt. Das klingt offensichtlich, aber überraschenderweise halten sich die wenigsten Menschen daran.

Der Trick ist, nicht überambitioniert zu sein. Beschränke dich auf die wenigen Verhaltensweisen, die für dich und deinen Hund im täglichen Leben wichtig sind, und trainiere diese dann, egal ob der Zeitpunkt günstig ist oder nicht. Auf diese Weise erhältst du sehr viel bessere Ergebnisse als mit einer losen Routine. Das liegt zum einen daran, dass das richtige Verhalten zur Gewohnheit wird. Zum anderen versteht dein Hund viel leichter, was du von ihm willst, wenn du ihn unter denselben Umständen immer wieder konsequent aufforderst, dasselbe zu tun.

LÖSUNGEN